步印
地理

小猛犸童书

有趣的
地理知识
又增加了

这就是地形

郑利强 / 主编　李冉 / 著　段虹 梁顺子 / 绘

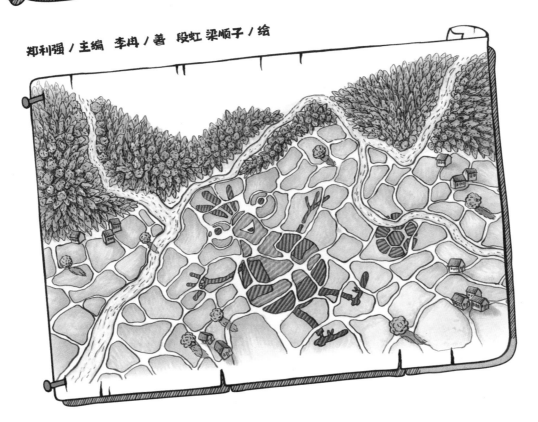

电子工业出版社·
Publishing House of Electronics Industry
北京·BEIJING

前言

　　《有趣的地理知识又增加了》丛书为地理科普读物，面向儿童介绍了地图、山脉、地形、地震、河流、火山、方位与方向等地理相关知识，插图精美、内容丰富，逻辑性强。该套丛书深入浅出，以儿童的视知觉为基点，充满童趣的漫画角色将枯燥、深奥的地理学科专业知识架构逐一呈现，循序渐进。此外，书中以游戏提问的方式，引导儿童带着问题阅读，具有较强的启发性，利于小读者增加对地理学科的兴趣，提升其自学能力及探索精神，这是一套非常适合学龄儿童的科普游戏读本。

西南大学 地理科学学院教授　杨平恒

你一定见过物理化学的实验，但你听说过用地理知识来做的游戏吗？这也我第一次见到，有人居然将有趣的游戏与地理知识巧妙地融合在一起。作者大胆的奇思妙想结合有趣的画风，把平时看似枯燥的地理知识用一个接一个的小游戏表达出来，让人看过之后，欲罢不能。本书真正从儿童互动式的游戏角度，完成了地理这门通识类学科从高高在上的学科知识到儿童启蒙的真正跨越，令人大开眼界。从一个读者的角度来看，不得叹服作者的神来之笔。是一套值得推荐给小朋友的真正佳作。

全网百万粉丝地理学习短视频博主
"小郭老师讲地理"创作者 郭帅

地理学是一门包罗万象的学科。日月星辰、风雨雷电、江河湖海、山石水土……我们身边的各种自然现象与环境，都是地理学所关注的对象，也都和我们的生活密不可分。《有趣的地理知识又增加了》系列共八册，对8个最具代表性的地理主题进行了有趣而深入的解读。书中文字生动而准确，绘图精细而有趣，图文巧妙结合，将深奥的地理知识以最适合孩子的方式呈现出来。特别设计的问答环节更能激起孩子的求知欲与好奇心。相信这套书能带领小读者走进地理的世界，获得丰富的知识，掌握地理的技能，更享受到地理的趣味与探索未知的快乐。

山原猫探索联合创始人 北京四中原地理教师
朱岩

小步和他的朋友们

小伙伴们大家好！我是你们的老朋友——小步，我是一只很多人都看不出来的小青蛙，呱~

这是我们的班主任绵羊老师，她年轻又漂亮。

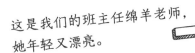

这是我们的猫头鹰老师，他睿智又博学。

这次我还带来了一些新朋友。以后我们可以一起去玩耍、游戏、探险！

大家好！我就是超级无敌可爱的龟宝宝，我的壳一点儿都不重，哈哈！不信，我转个圈给你们看。

嘿嘿，我就是无人不识、无人不爱的"国民宝贝"大熊猫，其实我一点儿都不肥，我健步如飞。

呃……到我了……我是考拉，我是从外国来的，我还有一个名字，叫树袋熊。我……我爱睡觉，不爱喝水，不过，这是不对的，你们……你们可别学我，嗯……很高兴认识你们。

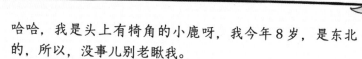

哈哈，我是头上有犄角的小鹿呀，我今年8岁，是东北的，所以，没事儿别老瞅我。

大家好！我是黑夜精灵——蝙蝠大侠，我昼伏夜出，所以你们很少见到我，请珍惜和我见面的每一次机会吧，放心，我不会伤害你们的。

咳咳，你们好！我是站得高所以看得远的鸵鸟哥哥，请注意我的性别，我可不会下蛋，你们就别惦记啦。望远镜倒是可以借你们用用，先到先得哦！

大家好！我是小鳄鱼，你们不要怕，其实我也是一个宝宝，我虽然长得丑，但是我很"温柔"。我爷爷的爷爷的爷爷的爷爷的爷爷……，就已经在地球上生活了，比人类朋友还早。

终于轮到我了，我是大耳朵、长鼻子的小象。我是小伙伴们的游戏宝库，就数我点子最多，快来找我玩吧！

目 录
CONTENTS

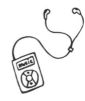

中国是
三个 "大阶梯"

西高东低的大阶梯

将中国有名的大山脉重新排列后，你有没有发现，在这些山脉中，西边的山脉大多比较高，越向东，山脉越低。这些山脉把中国划分成西高东低的三大"阶梯"：

1. 喜马拉雅山脉—昆仑山脉—祁连山脉—横断山脉，这几个大大的山脉围成了一个大大的阶梯，这一阶梯平均高度有4000米，是世界上最高的"阶梯"。

2. 大兴安岭—太行山脉—巫山山脉—雪峰山脉，这几个山脉围成了第二阶梯，平均高度1000～2000米。

3. 第二阶梯的东边是第三个阶梯，平均高度在500米以下。

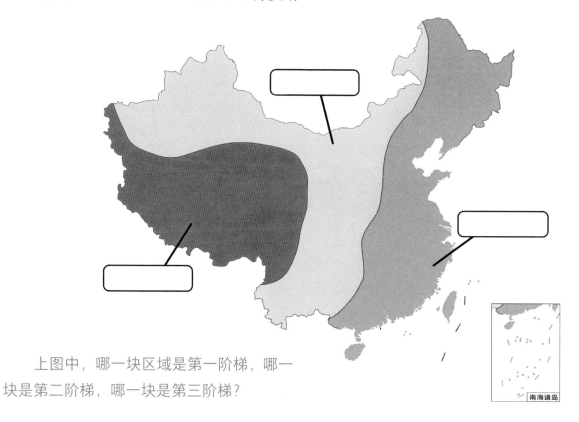

上图中，哪一块区域是第一阶梯，哪一块是第二阶梯，哪一块是第三阶梯？

做个豆子阶梯图

小步用绿豆、黄豆、红豆和纸板、胶水搭出了祖国地貌的三大阶梯，请你也试一试吧！

步骤一：我们来准备一个长方形的纸板。

步骤二：将辅助材料中附赠的三大阶梯轮廓图剪下并贴到纸板上。

步骤三：将红豆粘在第一阶梯处，黄豆粘在第二阶梯处，绿豆粘在第三阶梯处。

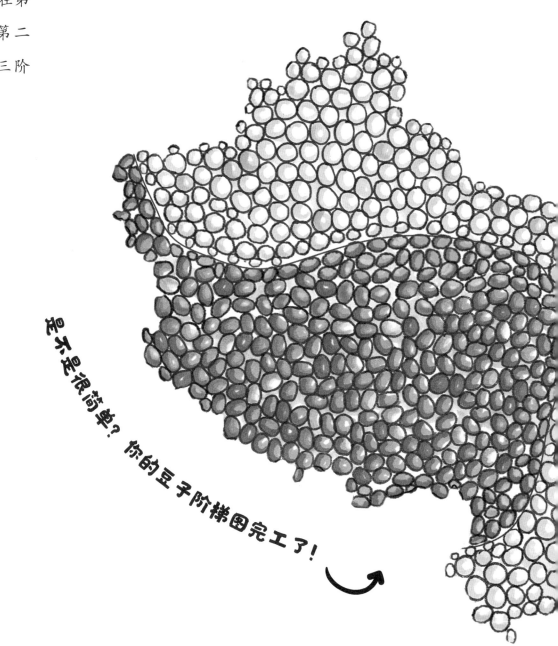

是不是很简单？你的豆子阶梯图完工了！

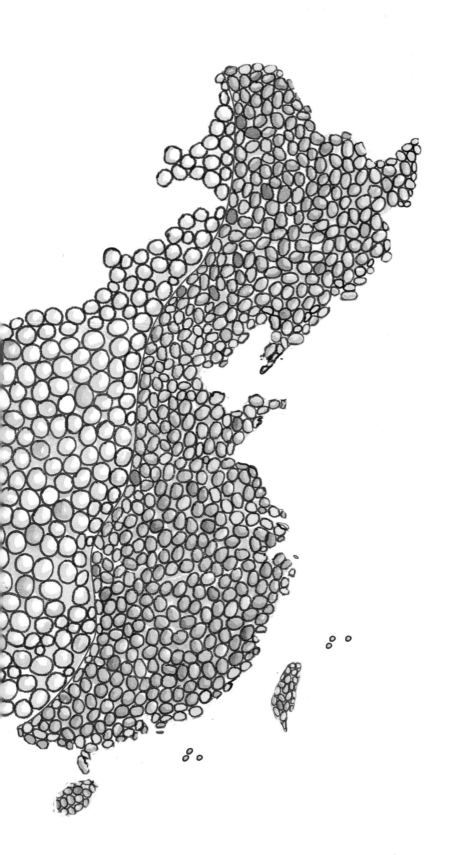

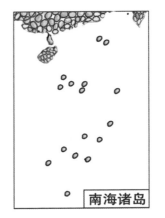

南海诸岛

13

各种各样的地形

各种不同的地形

小步最喜欢坐着火车去旅行，因为能看到车窗外变幻莫测的风景。车窗外一会儿是一块一块的像巧克力一样排布的田地，一会儿火车会从山的"肚子"里穿过去……坐过一次长距离的火车，你就会知道原来我们脚下的这片大地有这么多的不同。我们把这些不同形态的大地称为**地形**。

小步和他的朋友们藏在不同的地形区里，请你把他们找出来吧。可以翻阅后面的内容认识不同的地形。

高原：
500 多米高的"大蛋糕"

就像大地上突然升起了一块生日蛋糕，高原的表面高高低低的，周围边缘却直上直下。一座高原，最少也有 500 米那么高。500 多米的"大蛋糕"是什么样子的呢？恐怕你得乘着飞机，才能看到它的全貌。从低处向高原上看，你就只能看到一座座高山像墙一样挡在眼前。

知道了高原的样子，小步迫不及待想要乘坐热气球找到高原，你能在下图中找到高原吗？

浑身都是优点的平原

◁ ·· ▷

最受人们欢迎的地形就是平原了。平原的"身高"——海拔大多在500米以下，非常平坦，气候温和湿润，给人们带来了很多好处。

在下面的图中，小步在平原上种田，
你能找到他吗？

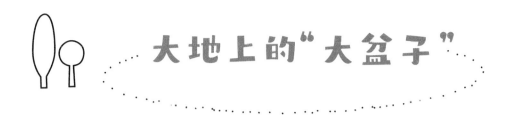

大地上的"大盆子"

你一定见过盆子，圆圆的，中间低、四周高，有一种地形就和盆子特别像：中间是低缓的平原，四周被高高的群山包围。这种地形叫盆地。

怎么会有这么奇怪的地形呢？难道是被来自太空的星星砸出来的？

其实，盆地的形成和陆地板块运动有关。这里的陆地板块本来是平坦的一块，但是因为板块相互挤压，周围的部分向上隆起，盆地就形成了。

山地：大山们都"住"在这儿！

有一种自行车叫山地自行车，这种自行车非常坚固，可以走很多山路。而之所以有人会专门设计这样的自行车，就是因为在叫"山地"的这种地形上走路，实在太艰难了。

山地是什么样的呢？它们是大山们群居的地方。和山脉不同，山地中有很多很多的山脉，它们的海拔都在500米以上，而且起伏很大。你能在下面的地形图中找出哪里是山地吗？

丘陵：
个子中等的小山们

"丘"在古代指小土堆，顾名思义，"丘陵"就是指平原上的土堆。丘陵的海拔虽然在500米以下，却比平原高，有许多连绵起伏的小山峰。"丘陵们"一般分布在山地过渡到平原的地带，因为总是在平原旁边，丘陵就像人类亲近大山的后花园，中国著名的泰山、华山、黄山、五台山都分布在丘陵上。

下面两幅图中，哪个是丘陵？

A

B

你的家乡属于什么地形？

小步的家在北京，那里十分平坦，属于平原地形。你的家乡属于_____（高原／平原／丘陵／盆地／山地）地形。

你的家乡有什么典型的地形？请你画一画它的样子吧！

中国大地上的
地形区

青藏高原：
还在不断"长高"的高原

如果把世界上所有的高原拉来"排排队"，青藏高原一定是最高的。这座世界上最高的高原，平均海拔在4000米以上，有1300多层楼那么高，它上面还有一座喜马拉雅山脉，是世界上平均海拔最高的山脉。每年它和青藏高原还会"长高"1厘米呢！

青藏高原是世界上最高的高原，被称为世界的"第三极"，面积有 250 多万平方千米，相当于大约 160 个北京那么大。下面是小步画出来的青藏高原区域图，喜马拉雅山脉在青藏高原的南边，小步还没有画出来，你能帮他画出来吗？

青藏高原大聚会！

生活在青藏高原上的大部分是藏族人，小步和他的朋友们来到青藏高原，见到了只有在这里才能看到的好朋友牦牛  和藏羚羊 ，吃了青稞 ，喝酥油茶 ，这里的藏民们还给他们献上礼物——哈达 ，你能在下图中找到这些吗？

内蒙古高原：有超级大草坪的地方

要是我们从飞机上俯瞰青藏高原，你会看到这里到处都是高大的山峰。据说，全世界14座8000米以上的山峰全都在这里。它们像是"生人勿近"的守护神，威严地耸立在青藏高原上。

可同样为高原，内蒙古高原就和蔼可亲多了，它像是铺在大地上的一大块"绿色地毯"，平坦、开阔，巨大的草坪一片连着一片。这里的海拔在1000～1200米，是骏马、羊群、牛群的家园。

小步画了一张示意图，这里面有内蒙古高原、塔里木盆地和准噶尔盆地。内蒙古高原在这幅图的东部地区，它的最西边是贺兰山，在小步的示意图里你能找到贺兰山在哪里吗？

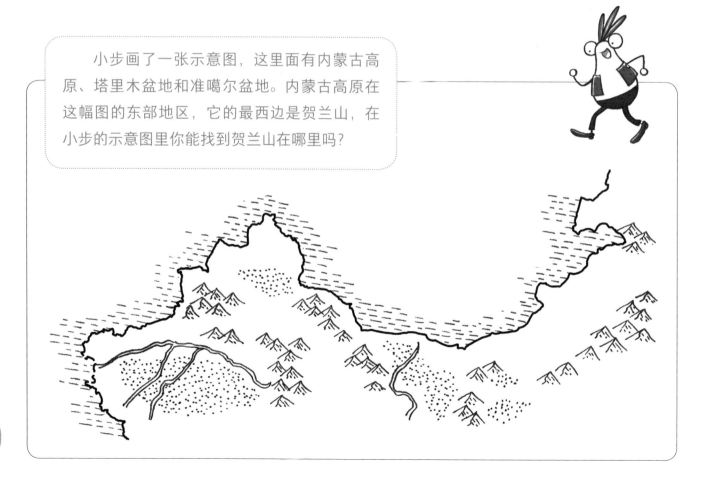

黄土高原：
大风吹来的高原

科学家说，黄土的"老家"其实不在黄土高原，而是比黄土高原更远、更西的地方，那里的气候十分干旱，地表的岩石非常脆弱，经过太阳长时间暴晒，风长时间地吹啊吹，岩石就容易形成"粉末状"。大风把这些沙砾吹到了黄土高原，日积月累地沉积下来，黄土高原就慢慢形成了。

在地图上找不到黄土高原？中国第二长的河流黄河就流经此处，找到它就能在地图上找到黄土高原。你能在下面小步画的示意图中找到黄河吗？请你给它涂上黄色！

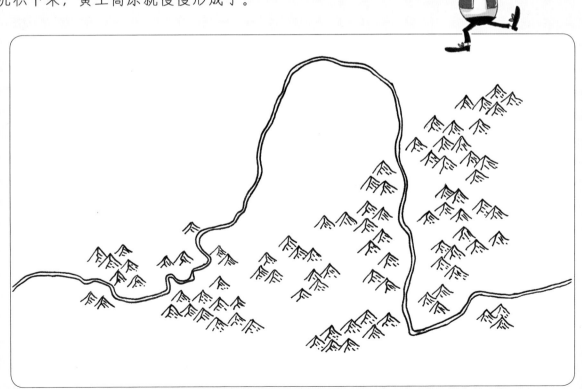

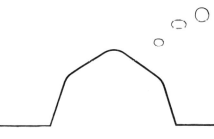

草原上的蒙古人以放牧为生，哪里水草鲜美，牛羊跑到哪里，他们就把家搬到哪里。他们的家叫"蒙古包"。供2～3个人住的蒙古包，他们不到3个小时就能搭建完成。小步和他的朋友们正在搭建蒙古包，你能猜对他们搭建蒙古包的顺序吗？

黄土高原逛集市

　　小步和他的朋友们来到了黄土高原热闹的集市。考拉看了一场皮影戏，小步在腰鼓队玩腰鼓，小鹿买到了漂亮的剪纸，小鳄鱼吃到了像裤带一样宽的面条，你能找到这些吗？

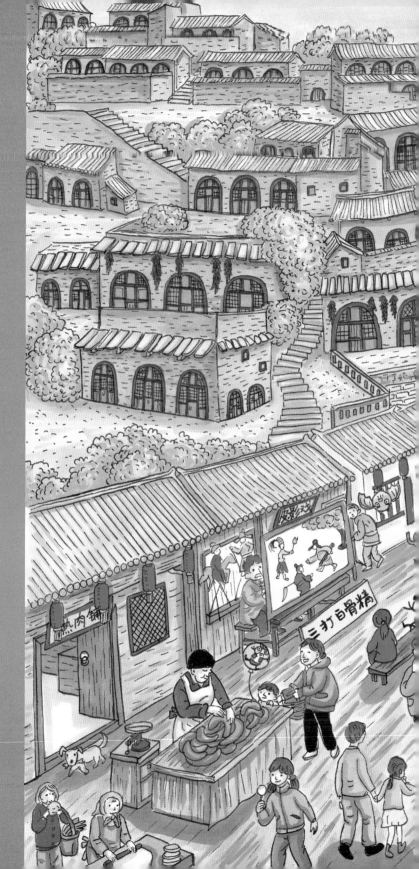

云贵高原：
水做了大地上的"雕刻家"

有一句成语叫"水滴石穿"，就是说，虽然石头坚硬，但只要给水足够的时间，它就能穿透石头。其实作为大地上的"艺术家"，水能做的可不仅仅是用水滴穿透小石头。在我国西南部的云贵高原上，地表的许多岩石就被水大面积"修理过"，河流和雨水把这里的石头"雕刻"得千奇百怪，而人们把这种地貌叫作"喀斯特地貌"，意思就是"岩石露出来的地方"。

小步和他的朋友们来到了云贵高原，他们就藏在石林里，快找到他们吧！

云贵高原在哪里？

云贵高原在中国的西南部，在云贵高原西面有一大片南北走向的山脉，就是横断山脉。你能在地图上找到横断山脉的位置，帮小步在下面的示意图中画出来吗？

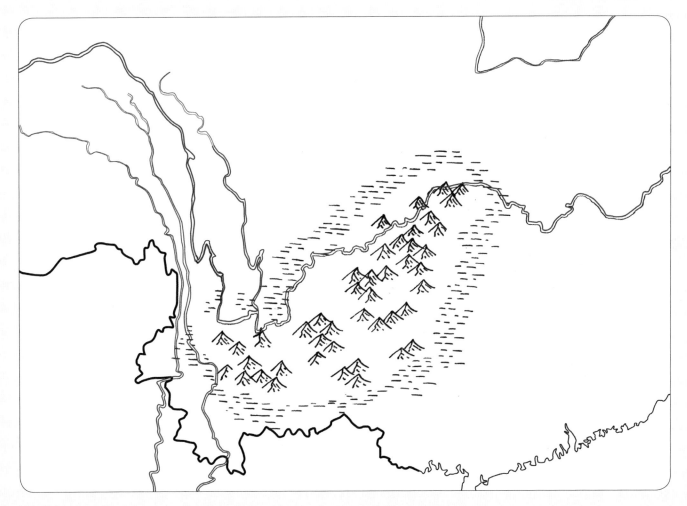

我们来过"牛王节"！

小步和爸爸到云贵高原的苗族朋友家做客，发现苗族人正在给自家的牛过生日。

这一天叫"牛王节"，大家要拿糯米饭喂牛吃，帮牛洗澡，打扫牛舍，给牛梳毛，跟牛说："辛苦了，牛大哥！"这一天，苗族家家户户的牛都可以悠闲地休息呢。

请你帮忙找一找糯米饭 、打扫牛舍的扫把 、给牛梳毛发的梳子 、喂牛吃的嫩草 都在哪里。帮苗族人过"牛王节"吧。

准噶尔盆地：
大风也会劈"城堡"

只需翻过天山，你就能见到另一座盆地了，那座盆地叫准噶（gá）尔盆地。比起南边的塔里木盆地，准噶尔盆地就显得生机勃勃了许多。准噶尔盆地是中国第二大盆地，面积约 38 万平方千米，海拔在 100～1000 米，准噶尔盆地的西面受到遥远海洋的影响，气候湿润，绿洲的面积也比塔里木盆地大，在这里你能看到一望无际的西红柿田、棉花地。

比起板块运动和河流，风更喜欢在这里"发挥"自己的"创作才华"。在准噶尔盆地的西北口克拉玛依城，有许多奇奇怪怪的方形山，看起来像被刀和斧子劈过的"城堡"，实际上这些"城堡"是被大风吹出来的。科学家把这种被风塑造的地形叫"雅丹地貌"。有科学家调查过，这里每年有 160 多天会刮 8 级以上的大风！

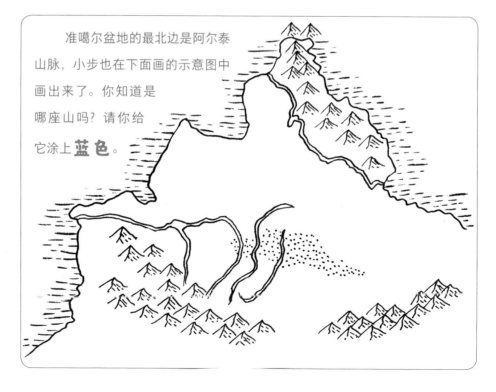

准噶尔盆地的最北边是阿尔泰山脉，小步也在下面画的示意图中画出来了。你知道是哪座山吗？请你给它涂上**蓝色**。

塔里木盆地：中国最大的"盆子"

你一定用过很多盆，如饭盆、洗脸盆、浴盆等，这些盆有大有小，形状各异。可你见过40万平方千米的大盆子吗？40万平方千米有多大呢？比日本整个国家的面积还要大！在天山、昆仑山和阿尔金山之间就有着我国最大的盆地，我们叫它"塔里木盆地"，"塔里木"在维吾尔语中是"田地、种田"的意思。这里因为距离海洋较远，日照强，气候干旱，大部分地区不适宜植物生长，但在盆地边缘的某些绿洲地带，却能种出可口的食物来。

小步画了一幅塔里木盆地的示意图，你能在图上找到"塔克拉玛干沙漠"吗？请你给这片沙漠涂上黄色吧。

塔里木盆地里有我国最大的沙漠——塔克拉玛干沙漠，"塔克拉玛干"的意思是"进去就出不来"，这个名字听上去是不是很可怕？

魔鬼城大冒险

　　小步和他的朋友们来到了准噶尔盆地的魔鬼城，这里的岩石千奇百怪，小步在里面找不到方向了，你能帮他们走出魔鬼城吗？

沙漠大考验

小步和爸爸在塔克拉玛干沙漠遇到重重考验，他们能走出去吗？

和爸爸妈妈掷骰子，看看谁能先走到终点！

口太渴了 休息1次

找到水 前进2步

天阴迷路 看不到星星 后退到 第4格

遇到沙尘暴 没有戴围巾 太脏了 后退1步

柴达木盆地：
这个"盆子"有些咸

盐是每家每户都会用的调味料，我们只需放一点点就可以做出好吃的食物。而如果到了柴达木盆地，你会发现这里简直就是盐的世界。

这些盐是哪里来的呢？这还要归功于青藏高原的板块运动。柴达木盆地原来是一片海洋，经过板块的抬升运动，它变为陆地，原来的海水蒸发，留下了盐。

柴达木盆地的东北部是祁连山，西北部是阿尔金山，西南部是昆仑山，你能在图中找到阿尔金山吗？给它涂上黄色。

四川盆地：紫红色 "盆子"

土地一定是黄色的吗？那可不一定，大地这位"大艺术家"在"创作"四川盆地的时候就挑了一个梦幻的颜色——紫红色。

四川盆地是我国海拔最低的盆地，海拔 200 ～ 750 米，在所有盆地当中是小矮个。正因为地形低矮，温暖多雨，周围许多山上的细沙和泥土顺着雨水和河流来到四川盆地。像铁生锈会变红一样，这些土地在空气中也会"生锈"，久而久之，土地就变成了"紫红色"。

小步为四川盆地画了示意图。他记得自己去过峨眉山，在四川盆地的西南部。你能帮他用**紫红色**画出来吗？

逛盐雕
艺术节

　　小步和他的朋友们来到了柴达木盆地的盐雕艺术节，很多工人正在做盐雕，工人也给他们雕刻了雕像。你能找到隐藏在雕像间的小步和他的朋友们吗？

去大熊猫家做客！

生活在四川盆地的大熊猫邀请小步和他的朋友们来做客，他们都带来了礼物。小步带来了一筐麦子 ，小象带来了一筐葡萄干，鸵鸟哥哥带来了榴莲，小步爸爸带来了橙子，小步妈妈带来了小竹筐，考拉带来一件蓑衣，龟宝宝带来一顶皮棉帽子。哪些是四川的特产？请你在图中找出来！

华北平原：河流搬来的平原

你听说过"精卫填海"的故事吗？传说很久很久以前，有一个叫精卫的小女孩，她去东海玩，不小心溺水而死。为了报仇，死后的精卫便化作一只神鸟，每天从山上衔着石头和树枝投入海中，发誓要把海填满。

你可能会问：这故事肯定是骗人的，精卫要多久才能把海填满啊？不过世界上真有与"填海"作用相似的事，华北平原就是这样诞生的。

在1亿多年前，华北平原还是一片汪洋大海，青藏高原上形成的黄河、海河和淮河纷纷流向这里，这里的地势又低又平坦，河水的流速越来越慢，它们携带着的泥沙就在平坦的土地上堆积，华北平原因此慢慢形成。

科学家把河流搬运泥沙的这种活动叫"沉积"。在1亿多年的时间里，河流已经把华北平原沉积成了30万平方千米的大平原，现在，华北平原还在慢慢变大！

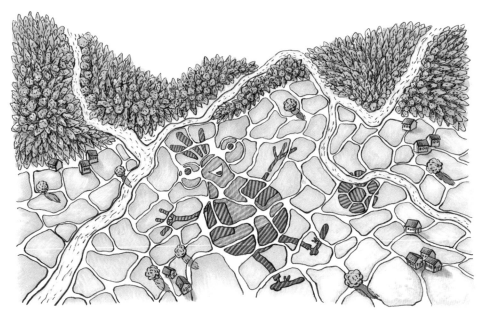

华北平原西靠太行山，东临渤海，东南方为黄海。你知道哪座山是太行山，哪里是渤海，哪里是黄海吗？

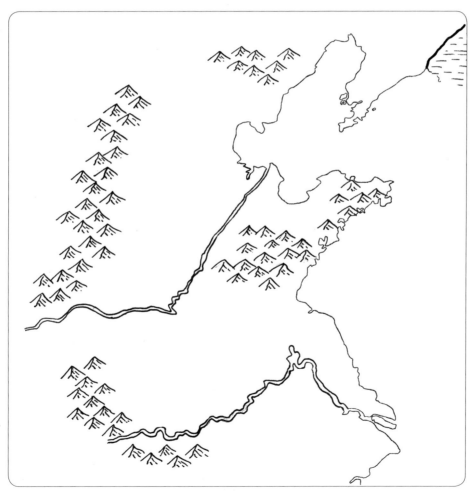

一起来种玉米田！

小步和爸爸来到华北平原的农村，看到了大片大片的玉米田。原来这里的玉米夏季播种、秋季收获，产量很高，是重要的种植农作物。你也来和小步他们一起种玉米吧！（游戏材料在辅助材料中去找吧！）

规则

每人起始有 50 金币，掷骰子轮流走飞行棋，当一人走到终点时，金币最多的获胜。

如跳过
-30

夏季播种玉米
-10
如开垦更多
-20

24

过度开采
地下水，井水
不足需修井
-20

26 27

枯水年
降水量减少
需灌溉
水泵-10
电费-10

政府
援助
+20

21

春天开垦
更多玉米地
+30

29

冬天休耕
停一次
补贴+10

虫
病
害
保
险
-20

19

维修农具

33

冬季
休耕
停一次
+10

终点

遭遇虫害-30
买病虫害可
不受影响
卖玉米+100
如开垦更多+150
卖黄豆+50
如开垦更多
-30

YOU WIN

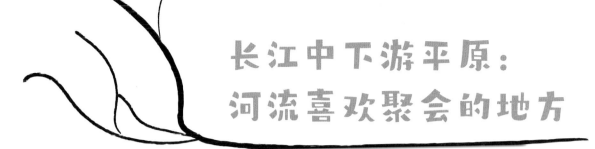

长江中下游平原：
河流喜欢聚会的地方

有科学家曾经做过实验，证明人可以连续3天不吃饭，但是却不能连续3天不喝水，可见水对生命有多么重要。在中国的大地上，到哪里可以见到各种各样的水呢？长江中下游平原就是一个水的聚集地。

和华北平原的诞生一样，河流"填海"也是长江中下游平原形成的重要原因。不过有一点不同：这里的河流和湖泊太多了。长江、汉江、赣江……还有数不清的湖泊喜欢在这个平原上"聚会"，把这20万平方千米的土地变得水道纵横、河网密集，长江中下游平原因此被称为"水泽之国"，意思是说：爱喝水、喜欢水的植物、动物和人都会聚集在这里。

小步为长江中下游平原画了示意图，不过他还没画完，你认为长江中下游平原有什么呢？大树？小池塘？……请你把它们画到图中吧！

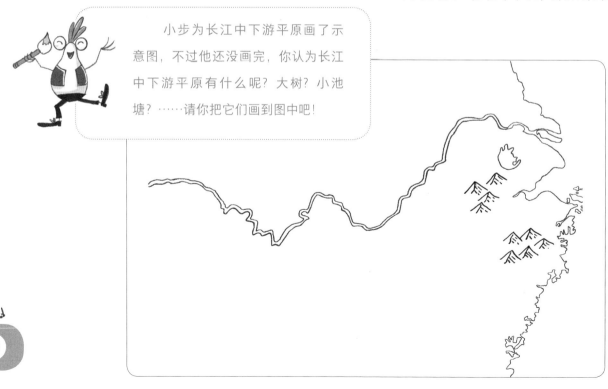

东北平原：
黑巧克力色的平原

农民伯伯们总是期待他们能遇上好的土地，有了好的土地才会长出好吃的粮食和蔬菜。而有一种颜色的土地农民伯伯尤其喜欢——拥有黑巧克力颜色的土地。

来到东北平原，你就能见到像黑巧克力颜色的土地——黑土地了。

东北平原是我国最北边的平原，气候寒冷。几千年来，这里的动植物死后在地面腐烂，经过十分漫长的时间，会形成一种土壤。这种土壤呈现黑色或者黑褐色，含有丰富的营养，非常利于植物生长，因此，黑土地也被称为肥沃的土地。

东北平原北部的山脉叫小兴安岭，因为适合树木生长，有大片的林场。小步想在那里画一些**树木**，你能帮他完成吗？

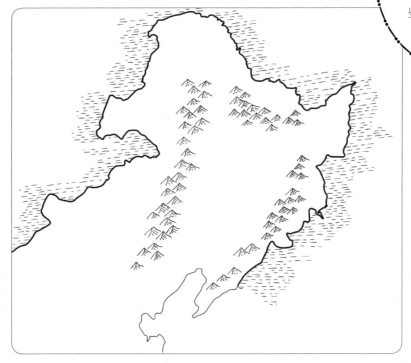

乘船逛早市！

在长江中下游平原的一些地区，由于河流众多，河就是路，船就是车，出门一定要撑船去。小步和爸爸妈妈要去赶集，他们正在船上，小步想买**米酒**、**青团饼**、**荷花**和**莲蓬**，妈妈想买**青花碗**、**栀子花**，你能帮他们找到这些吗？

东北土地都产什么？

小步和爸爸来到东北平原的一个热闹集市上，发现了好多产自东北的食物。他们还发现，有一些食物产地不在东北平原。请你把以下食物中来自东北的特产挑出来。

大马哈鱼

菠萝

茶叶

香蕉

大豆

玉米

大米

辽东丘陵：大地的"小甜点"

如果说大地建造喜马拉雅山脉就像做一大桌子满汉全席，那建造辽东丘陵就像做一道"小甜点"。如果你望向祖国的东北部，和东北平原隔了一个长白山的地方，你能见到一个个山丘连绵起伏地连在一起，这里海拔平均1000米，我们叫它辽东丘陵。

辽东丘陵紧邻东北平原，有3.35万平方千米。十分狭长，长得像一棵斜白菜。这棵"白菜"之中，"菜帮子"附近的山脉叫千山，据说千山有999座山峰，

近1000座，所以称它为"千山"。千山的海拔不高，风景秀美，一直是人们爬山游玩的好去处。

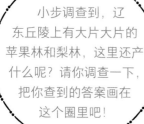

小步调查到，辽东丘陵上有大片大片的苹果林和梨林，这里还产什么呢？请你调查一下，把你查到的答案画在这个圈里吧！

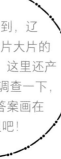

东南丘陵："鸡肚子"上的青山、绿水和红土地

如果把中国的形状看作一只大公鸡，东南丘陵就承包了整个鸡肚子。从长江中下游平原，到南边的雷州半岛，到西边的云贵高原，再到东海，东南丘陵面积有37万平方千米，是我国最大的丘陵地区。黄山、庐山、武夷山、井冈山、大别山……这些赫赫有名的山都在东南丘陵。

小步画了一幅东南丘陵的示意图，发现东南丘陵和一个高原及一个平原是邻居。你知道是哪个高原，哪个平原吗？

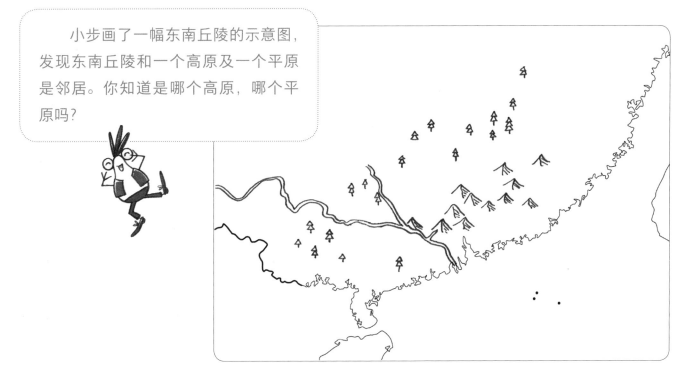

勇闯山海关

从华北平原通往辽东丘陵，一定要经过"山海关"。山海关是古代人们抵御外族入侵而建造的关隘，它的边缘就是长城。许多负责守卫的官兵就在这里戍卫。小步来到山海关旅游，他发现了一座当时军人训练的迷宫，你知道怎么才能走出来吗？

山东丘陵：
我们在这片大地上画波浪线

除了大地、风和河流可以塑造地形，我们人类自己也会参与地形的"创作"。如果你来到了山东丘陵，你会见到我们在丘陵上"画"了一层一层的波浪线。这是农民改造的，因为这样，人们就可以在上面种粮食了。这种一层一层的田地，像梯子一样高低错落，我们把它称作"梯田"。

山东丘陵在华北平原的东部，大部分海拔在500米以下，少数山峰超过1000米，这些小山丘起伏非常低缓，便于我们将山丘改造为梯田。

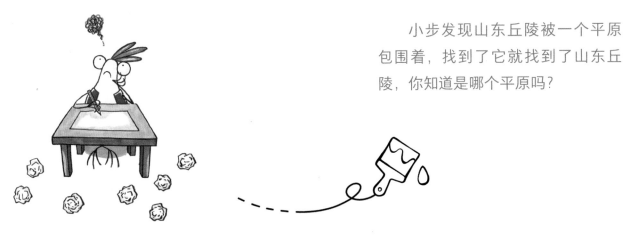

小步发现山东丘陵被一个平原包围着，找到了它就找到了山东丘陵，你知道是哪个平原吗？

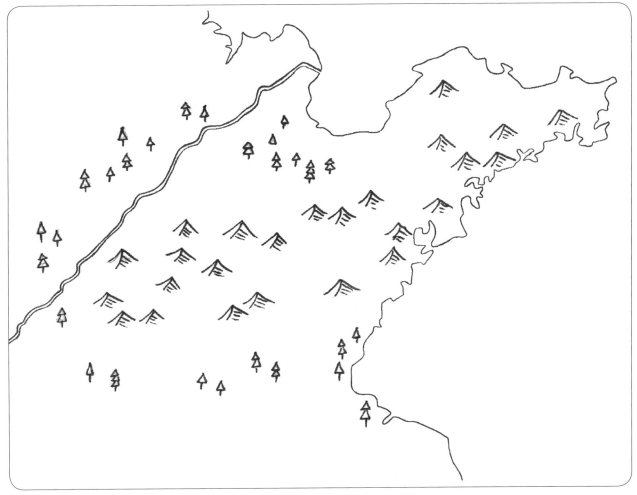

一起爬泰山

著名的五岳之首泰山就位于山东丘陵。小步和他的朋友们一起登泰山，他们想要去的地方不一样。他们都爬到了哪里？你能找到他们吗？

傲徕峰

黄溪河

扇子崖

竹林寺

黑龙潭瀑布

黑龙潭水库

天外村广场

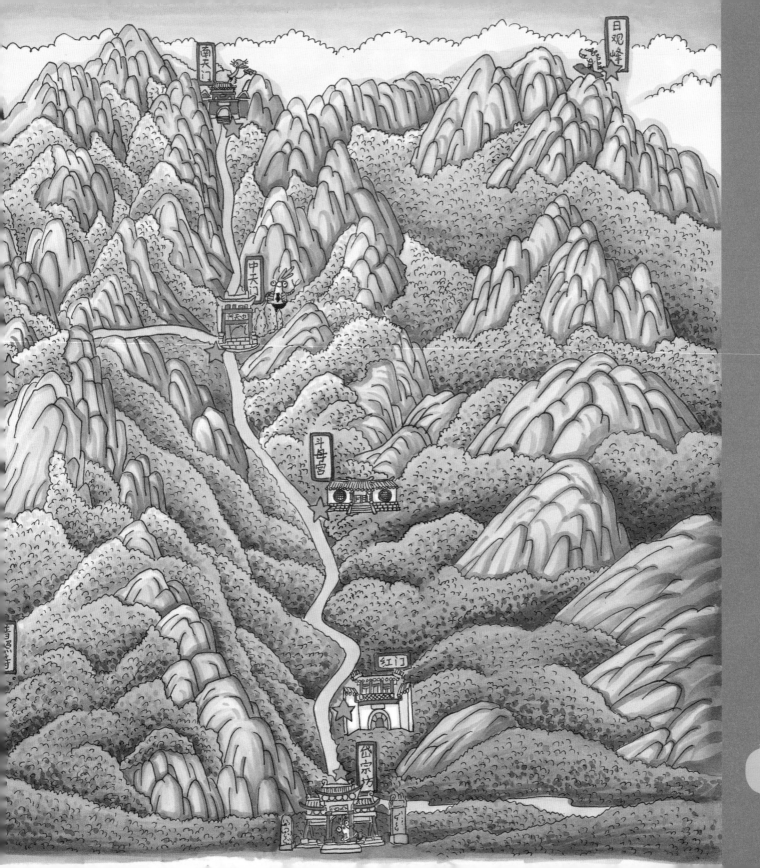

一起爬黄山

　　小步和他的朋友们来到了黄山，他们要从云谷寺走到三道亭去看日落。你能帮他们规划一条花费时间最少的线路吗？

介绍你家乡的地形

你已经跟小步和他的朋友们了解了中国最主要的地形区：4大高原、4大盆地、3大平原、3大丘陵。完成下面的填空，你的家乡在哪个地形区？有什么有名的山？有什么美味的特产？土地是什么颜色的？请为你的家乡写一个地形区介绍吧。

1 我的家乡属于_____地形区，在这个地形区的_____（东／南／西／北）部。

2 这里有哪些著名的山脉？

3 你知道这个地形区是怎么形成的吗？

4 你还想让大家知道这个地形区有什么独特之处呢？

答案
ANSWERS

第 10 页

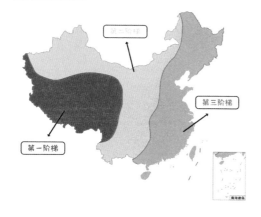

第 17 页

第 16 页

第 19 页

第21页

第22页

第23页

A

第29页

第30页

第32页

第33页

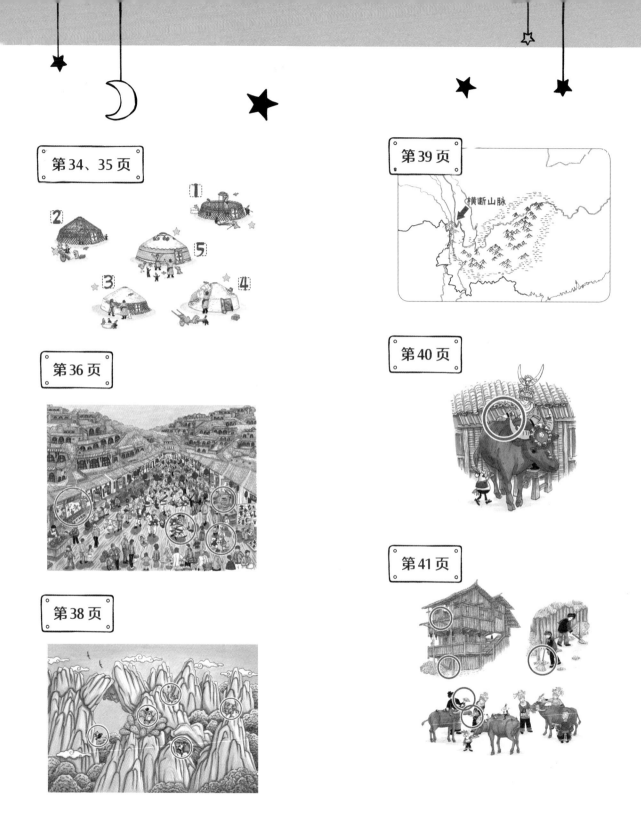

第34、35页

第39页

第36页

第40页

第38页

第41页

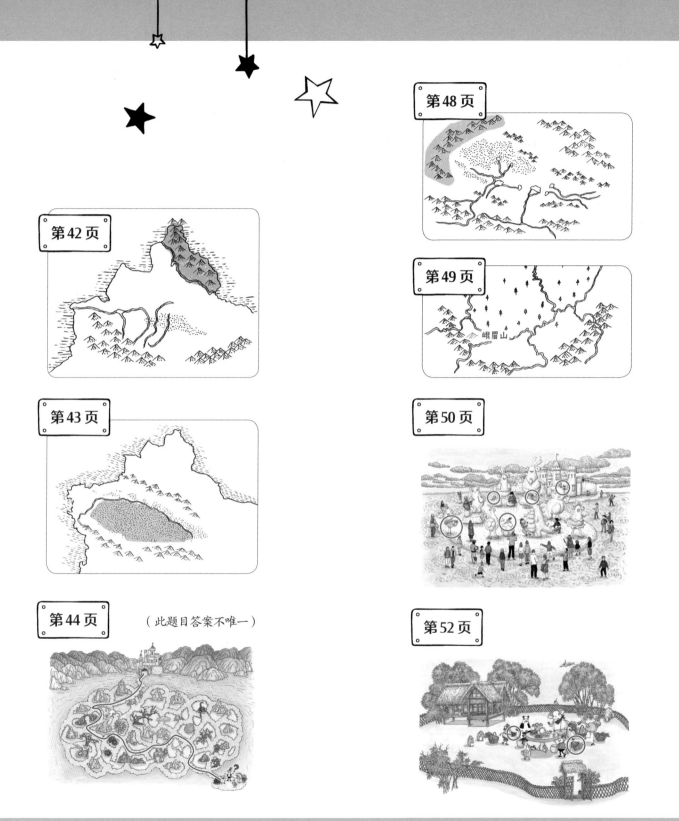

第48页

第42页

第49页

峨眉山

第50页

第43页

第44页 （此题目答案不唯一）

第52页

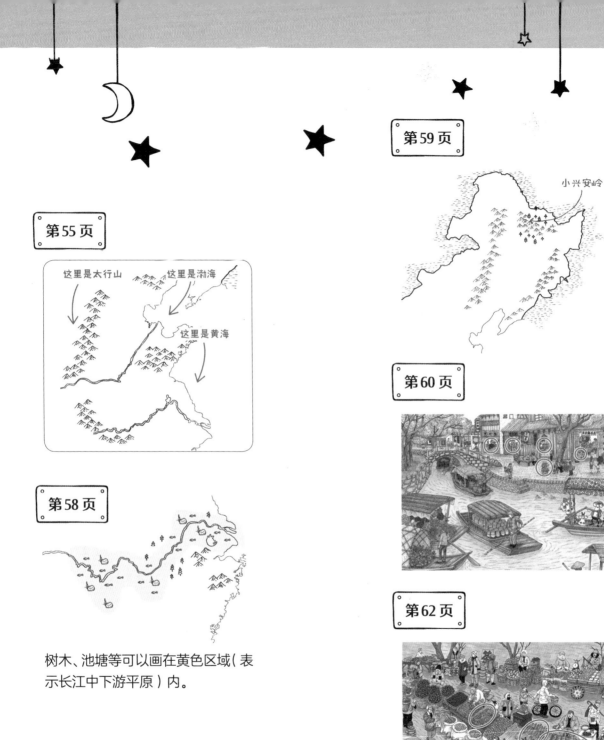

第59页

小兴安岭

第55页

这里是太行山　　这里是渤海

这里是黄海

第58页

树木、池塘等可以画在黄色区域（表示长江中下游平原）内。

第60页

第62页

第65页

东南丘陵和云贵高原、长江中下游平原是邻居。

第66页 （此题目答案不唯一）

第69页

华北平原

第70页

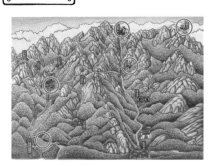

第72页

81

审图号:GS（2022）2722号

此书中第10、12、13、29、32、33、39、42、43、48、49、55、58、59、64、65、69、76、77、78、79、80页地图已经过审核。

图书在版编目（CIP）数据

这就是地形 / 郑利强主编；李冉著；段虹，梁顺子绘. -- 北京：电子工业出版社，2022.6

（有趣的地理知识又增加了）

ISBN 978-7-121-42985-9

Ⅰ.①这… Ⅱ.①郑… ②李… ③段… ④梁… Ⅲ.①地貌 - 少儿读物 Ⅳ.①P931-49

中国版本图书馆CIP数据核字（2022）第032365号

责任编辑： 季　萌
文字编辑： 邢泽霖
印　　刷： 北京利丰雅高长城印刷有限公司
装　　订： 北京利丰雅高长城印刷有限公司
出版发行： 电子工业出版社
　　　　　 北京市海淀区万寿路173信箱　邮编：100036
开　　本： 889×1194　1/12　印张：42　字数：213.6千字
版　　次： 2022年6月第1版
印　　次： 2025年2月第3次印刷
定　　价： 198.00元（全8册）

　　凡所购买电子工业出版社图书有缺损问题，请向购买书店调换。若书店售缺，请与本社发行部联系，联系及邮购电话：（010）88254888，88258888。
　　质量投诉请发邮件至zlts@phei.com.cn，盗版侵权举报请发邮件至dbqq@phei.com.cn。
　　本书咨询联系方式：（010）88254161转1860，jimeng@phei.com.cn。